U0186549

万物有话说

精彩广播剧
请扫二维码

给孩子的人文科学启蒙书

地球先生的自述 3

黄 胜◎文

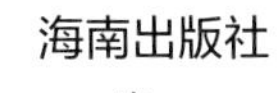
海南出版社
·海口·

这一次，**《万物有话说》**请到的嘉宾是**地球先生**。他早就到了，一直安静地坐在沙发上，看起来**心事重重**的。

问号先生和**叹号小姐**想问他是不是遇到了什么难题，但不知道怎么开口。

直播开始了，一直坐在那里一动不动的地球先生，缓缓地站了起来，**轻轻地**咳嗽了几声，然后开始讲述他的**故事**。

我希望小朋友们听完我的故事后，能更了解我，

能学会保护环境、节约能源。

现在，人们都知道，我是一颗不断自我旋转的，同时还围绕着太阳旋转的行星，也知道我是一个长得略扁的球体。

但是在很久以前，人们并不知道关于我的这些事。

我在这里，先跟大家讲一讲，**古时候**的人是怎么认识我的吧！

最开始，人们认为我是漂浮在**水面**上的一大块平坦的土地。至于我为什么不会沉入水中，**是因为**他们觉得天、地——也就是我，被一只巨大的**乌龟**驮在**龟壳**上。

人们总是将我和天放一起说，认为天是圆的，地——也就是我，是方的。

天像是个圆形的盖子笼罩着大地，

这就是古代天文学中的**盖天说**。

后来，人们又提出了**浑天说**——整个宇宙就像一枚**鸡蛋**，而我就是这枚鸡蛋的蛋黄。东汉天文学家**张衡**，根据浑天说制作了**浑天仪**。

无论是盖天说，还是**浑天说**，古时候的人们仍然不知道我到底是什么模样，也不知道我究竟有多大。当然，他们更不知道我是围绕着**太阳**在旋转，而是认为**太阳**、**月亮**都在围着我转。

我非常佩服人类的智慧，人类发明和创造了许多东西，在不断地改变我的同时，对我也有了更进一步的了解。

尤其是人们发明了车、船等交通工具后，活动的范围越来越广，才发觉我比他们原以为的要大很多。

虽然也有人怀疑我不是一个平面的，而是圆的。但是，直到16世纪，葡萄牙航海家麦哲伦的环球航行才真正地证明了我是圆的。

随着人类科学技术的不断进步，天文望远镜、火箭、宇宙飞船等出现后，人类便可以在茫茫宇宙中看到我的全貌了。

我是太阳系中距离太阳第三近的行星，也是目前已知的唯一孕育和支持生命的天体。关于我的起源，迄今为止出现的种种说法，还只是科学猜想，并没有得到科学的证实，依然是一个未解之谜。

当然，人们不再担心头朝下会掉下去。因为**牛顿**告诉人们，我有吸引他们的**引力**。

人类用自己的聪明才智，**开发**、**改造**我，让生活变得越来越美好。

可是，慢慢地也出现了一些问题。比如，我供人们利用的**资源**似乎**不再**那么**富足**，而我似乎也不再像以前那么温柔，偶尔会**发脾气**。

哎，这真的不是我脾气变差了，而是人类**毫无节制**地开发我，又不懂得保护我，让我**生病**了。

你们看看，我原本有着像人类秀发一样**茂密**的**树木**，可是人们将它们**砍伐**了。于是，我的肌肤就裸露在外，经过风吹日晒雨淋，慢慢地变成了**沙漠**。

还有些人，为了获取我身体内蕴藏着的各种可以被人类利用的**矿石**，就**破开**我的肌肤，在我的身体内打**无数的洞**……

虽然，我的体表**75%**是**水**，我因此被人类称为“**蓝色星球**”。但是，这些水大多是海洋里的水，能够直接让人类或者其他动植物饮用的**淡水**是非常少的。可是，人类却不怎么珍惜，造成了**水资源紧张**。

现在，出现的各种**恶劣天气**、**自然灾害**，其中有很多跟人类的行为有关——人们**打破**了我的**平衡**，导致我的身体出现了问题。我真心希望人们能**保护环境**，呵护我的健康！

我是人类目前发现的唯一有生命的星球啊！

我能**孕育生命**，是由**很多因素**决定的。

如果我的健康出现问题，**环境恶化**了，人类和其他的动植物又将如何生存呢？

地球先生带着沉重的心情讲完了他的故事。**问号先生**和**叹号小姐**也站起身，呼吁正在观看直播的**小朋友们**从现在起做到**节约资源、保护地球**。

地球先生的脸上终于露出了些许**欣慰**的笑容，

和小朋友们挥手告别，离开了直播间。

图书在版编目（CIP）数据

万物有话说 . 3, 地球先生的自述 / 黄胜文 . -- 海口 : 海南出版社 , 2024.1

ISBN 978-7-5730-1408-5

Ⅰ . ①万… Ⅱ . ①黄… Ⅲ . ①自然科学 - 青少年读物 Ⅳ . ① N49

中国国家版本馆 CIP 数据核字 (2023) 第 220249 号

万物有话说 3. 地球先生的自述

WANWU YOU HUA SHUO 3. DIQIU XIANSHENG DE ZISHU

作　　者：黄　胜
出 品 人：王景霞
责任编辑：李　超
策划编辑：高婷婷
责任印制：杨　程
印刷装订：三河市中晟雅豪印务有限公司
读者服务：唐雪飞
出版发行：海南出版社
总社地址：海口市金盘开发区建设三横路 2 号
邮　　编：570216
北京地址：北京市朝阳区黄厂路 3 号院 7 号楼 101 室
电　　话：0898-66812392　010-87336670
邮　　箱：hnbook@263.net
经　　销：全国新华书店
版　　次：2024 年 1 月第 1 版
印　　次：2024 年 1 月第 1 次印刷
开　　本：889 mm × 1 194 mm　1/16
印　　张：16.5
字　　数：206 千字
书　　号：ISBN 978-7-5730-1408-5
定　　价：168.00 元（全六册）

万物有话说